U0155631

# ANTARCTICA

## LIFE ON THE FROZEN CONTINENT

# 世界的尽头

ANTARCTICA

[美] 康纳 · 基尔加隆　著

历史独角兽　桃李　译

SPM 南方传媒 | 广东人民出版社

· 广州 ·

图书在版编目（CIP）数据

世界的尽头 /（美）康纳·基尔加隆著；历史独角兽，桃李译. —广州：广东人民出版社，2024.4
书名原文: Antarctica
ISBN 978-7-218-16852-4

Ⅰ.①世… Ⅱ.①康… ②历… ③桃… Ⅲ.①南极—概况 Ⅳ.①P941.61

中国国家版本馆CIP数据核字（2023）第162336号



SHIJIE DE JINTOU
世界的尽头

[美] 康纳·基尔加隆 著
历史独角兽 桃李 译



出 版 人：肖风华

责任编辑：吴福顺
责任技编：吴彦斌
马 健

出版发行：广东人民出版社
地 址：广州市越秀区大沙头四马路10号（邮政编码：510199）
电 话：(020) 85716809（总编室）
传 真：(020) 83289585
网 址：http: //www. gdpph. com
印 刷：北京中科印刷有限公司
开 本：889 毫米 × 1194 毫米 1/16
印 张：14 字 数：157千
版 次：2024年4月第1版
印 次：2024年4月第1次印刷
定 价：168.00元

如发现印装质量问题，影响阅读，请与出版社（020-85716849）联系调换。
售书热线：（010）59799930-601

# 目录

CONTENTS

# 简介 INTRODUCTION

南极洲既有无限的魅力，又险象环生。这片大陆的面积约等于两个澳大利亚，为南冰洋所环绕。它的表面几乎都覆盖着冰雪，冰盖的平均厚度接近 2 千米。这里创下了地球上最低的温度纪录：-89.2℃。南极也是平均风力最大、气候最干燥的地方，可以说，它是一个极地沙漠。

几个世纪以来，欧洲人一直很好奇，地球南部的海洋中是否真的存在一个巨大的神秘大陆，他们称之为“未知的南方大陆”。但是从 19 世纪开始，捕猎海豹和鲸鱼的水手，以及众多探险队才测绘了真正的南极大陆。这些人因开拓南极而闻名，同时他们也竞相宣布对南极领土的所有权，争做第一个到达南极点的人。

极端的环境意味着只有少数动物才能适应这里的生活：海豹、企鹅、虎鲸和一些海鸟在南极繁衍生息，迁徙的鲸鱼以磷虾为食。为应对气候变化的影响，一场新的拯救这个冰雪仙境的比赛开始了。

**左图　帝企鹅及其幼崽**

在所有企鹅物种中，帝企鹅体型最大，也最顽强。它们为了繁衍后代，可以不惜一切代价。帝企鹅幼崽会在父母身边生活 50 天左右，然后与其他幼崽一起组成一个托儿所。

**上页图　从太空看南极洲**

这块传说中的冰冻大陆，是地球的第五大洲，以冰的形态保存了世界上 70% 的淡水。如果这些冰全部融化，全球海平面将上升约 60 米。

# 东南极洲

EAST ANTARCTICA

**上页　从太空看南极洲**

泰勒谷是横跨在南极山脉中的山谷，位于维多利亚地，是该地区三条极其“干燥”（几乎没有冰）的谷地之一。这条山谷以澳大利亚地质学家托马斯·格里菲斯·泰勒的名字命名。泰勒谷中还存在一些水体，比如木乃伊湖。之所以叫这个名字，是因为在湖边发现了木乃伊化的海豹。

东南极洲又称大南极洲，面积约占这片广袤大陆的三分之二，基本上完全位于东半球。东南极洲内部的绝大部分区域都由冰层覆盖，这是一片极寒的冰冻荒野，动植物很难在这里生存。著名的南极点就位于东南极洲，它是许多探险家笔下故事的主题。但是沿海地区更加生机勃勃，海鸟以及数百万只企鹅在岸边，在浮冰上繁衍生息。不同种类的海豹生活在冰冷的水域，在岩石和冰面上能看到韦德尔氏海豹、南象海豹、豹海豹。除此之外，虎鲸和鲸鱼也会到访南极。

从 19 世纪到 20 世纪，探险家、科学家以及猎捕海豹和鲸鱼的水手纷纷前往东南极洲的海岸，他们测绘了抵达的地区。这些人主要自来欧洲国家，他们当中有英国人、法国人、德国人、比利时人，俄罗斯和斯堪的纳维亚国家[①]也派出了重要探险队。另外，还有 20 世纪中期重要的美国探险队，他们都被派遣向南航行了数千英里。每次艰难的探险都要花上数年时间。一段段海岸线以赞助人、国王、王后以及著名探险队队长的名字命名。

最初，南极东岸的巨大冰山和冰架使船只停靠都成问题。现在，很多国家在南极建立了考察站，这些考察站都位于冰架的缺口之中。

根据《南极条约》，不同国家宣称东南极洲的部分地区归自己所有。澳大利亚拥有的土地最多，其次是挪威，法国也有一小部分。

① 指丹麦、瑞典、挪威、芬兰和冰岛。（译者注）

**上页图　阿斯加德山脉，维多利亚地**

20 世纪 50 年代，人们以北欧诸神的家乡来给这条山脉命名。山脉中包含了众多山峰、山谷和冰川，它们的名字大多取自北欧神祇。山脉的最高峰是索尔山，高度为 1812 米。

**上图　赫歇尔山，维多利亚地**

赫歇尔山是阿德默勒尔蒂山脉的一部分，位于罗杰斯角上方。1841 年，人们为赫歇尔山命名，这个名字是向著名天文学家约翰·赫歇尔爵士致敬。赫歇尔爵士在 19 世纪推动了南极的探索活动。

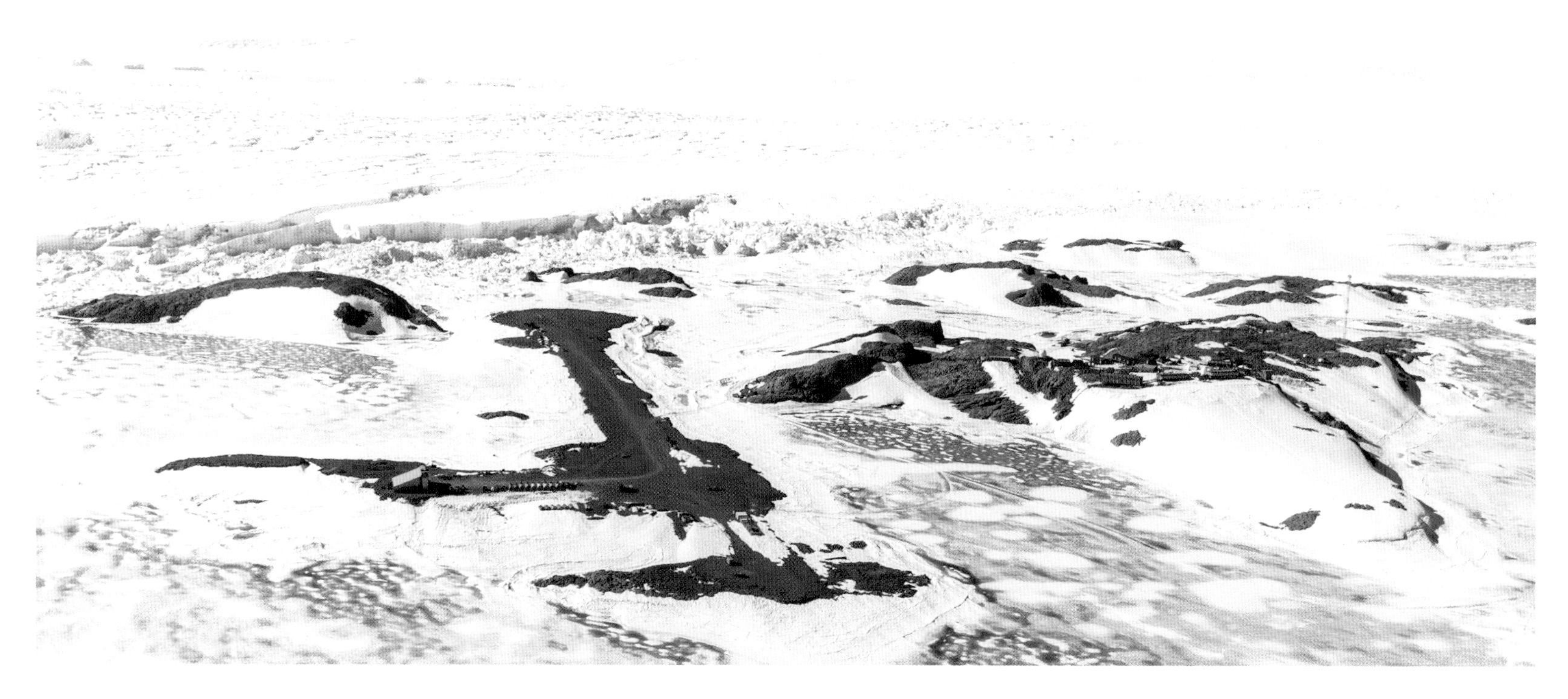

**上页图和上图　阿德利企鹅群，阿德利地**

一大群阿德利企鹅在法国迪蒙·迪维尔南极站下方的岩石上栖息。阿德利企鹅只能在南极看到，一个群落的企鹅数量可达到25万只。

**左图　研究阿德利企鹅**

一位科学家正在检查一只企鹅幼崽，等它成年后，体型将达到46厘米至71厘米。这是一项海洋研究的内容。大约共有380万只阿德利企鹅，分布在250多个群落里。

**桌状冰山，迪维尔海**

一座巨大的桌状冰山漂浮在冰冷的海面上。桌状冰山也叫作平顶冰山，因其平坦的顶部和垂直的侧面而得名。冰架崩解形成冰山。冰山的面积有时堪比一个小型国家。“B-15”冰山的面积约11000 平方千米。一些冰山有近300 米高，尽管水面上露出的部分只占总高度的十分之一。

**跨页图和上图　极昼**

南极洲的夏季从 10 月持续到次年 2 月，然后步入冬季。因为南极位于地球的最南端，所以仲夏时节，太阳不会落于地平线以下，这就是著名的极昼。夏季到来时，帝企鹅就有机会享受到相对温暖的环境，气温大约是 0°C。

**上图　迪布尔冰架，威尔克斯地**

这片巨大的浮冰附着在海岸线上，它的名字取自乔纳斯·迪布尔。迪布尔是“孔雀”号上的一名木匠。他参加了查尔斯·威尔克斯船长率领的美国远征探险队（1838—1842 年）。在“孔雀”号航行途中，冰块撞坏了船舵，当时迪布尔正在生病，但是他仍然爬下病床，努力修好了船舵，并因此大受赞扬。

**跨页图　范德福德冰川**

巨大的范德福德冰川宽约 8 千米，是以本杰明·范德福德的名字命名的。范德福德是“万塞纳”号的领航员，这艘船也加入了美国远征探险队（1838—1842 年）。范德福德冰川正缓慢地滑向温暖的南冰洋。2008 年至今，冰川顶部的高度已经下降了 2 米多。因为南极洲北部较温暖的海水不断涌入这里，冰川底部正在融化。

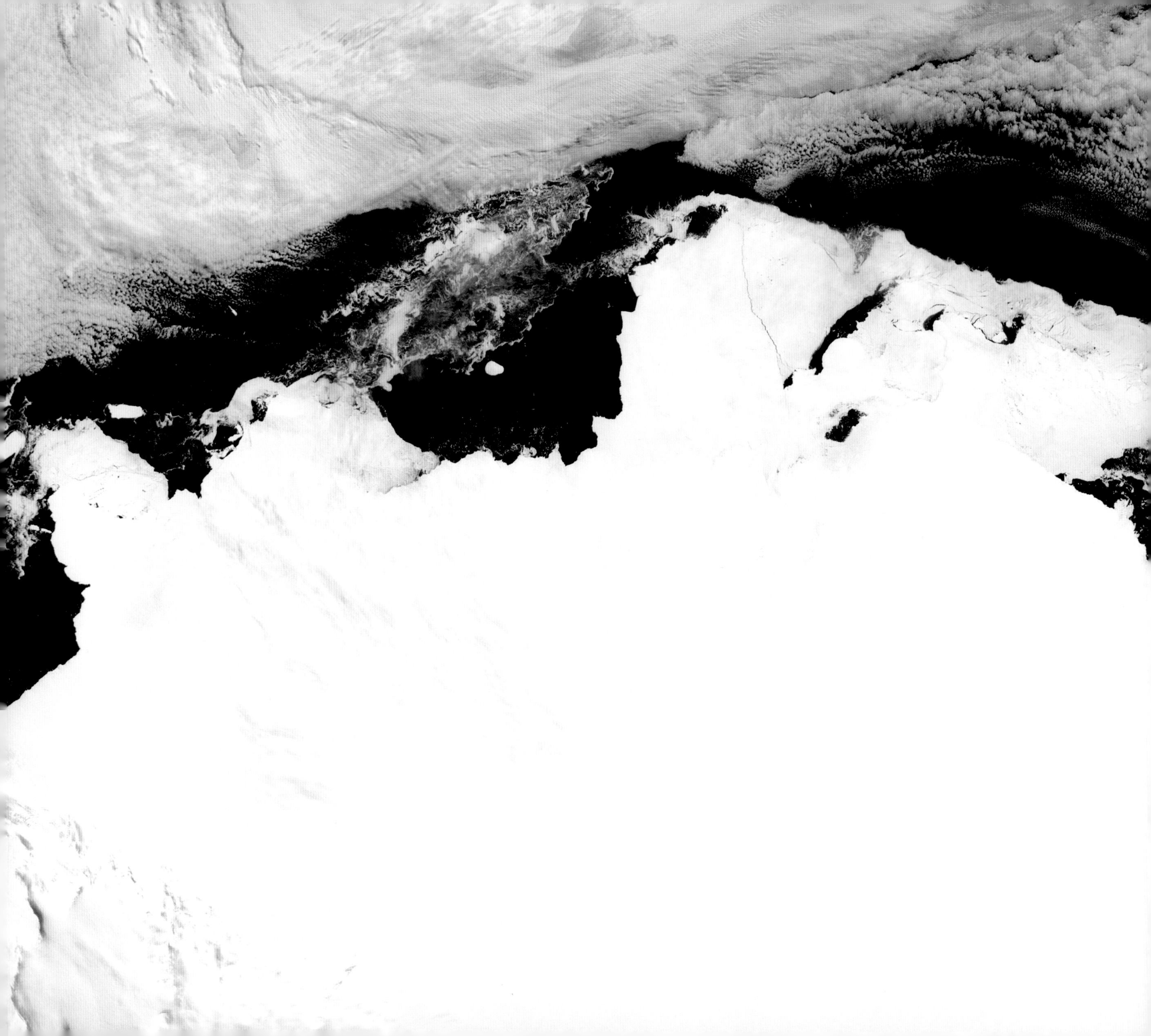

**上页图　玛丽皇后地**

美国国家航空和航天局拍摄的这张卫星照片，上面展现了玛丽皇后地与南冰洋戴维斯海的交界线。澳大利亚宣布东南极洲的这片地区是澳大利亚在南极领土的一部分，他们用英国国王乔治五世（1865—1936 年）的妻子玛丽的名字为这块土地命名。

**上图　玛丽皇后地附近的冰山**

图片中是一座从大陆上断裂下来的冰山，漂浮在戴维斯海上，靠近俄罗斯的和平站。和平站就位于玛丽皇后地的海岸上。冰山会对航运构成持续的威胁，所以人们会追踪大型冰山的位置。

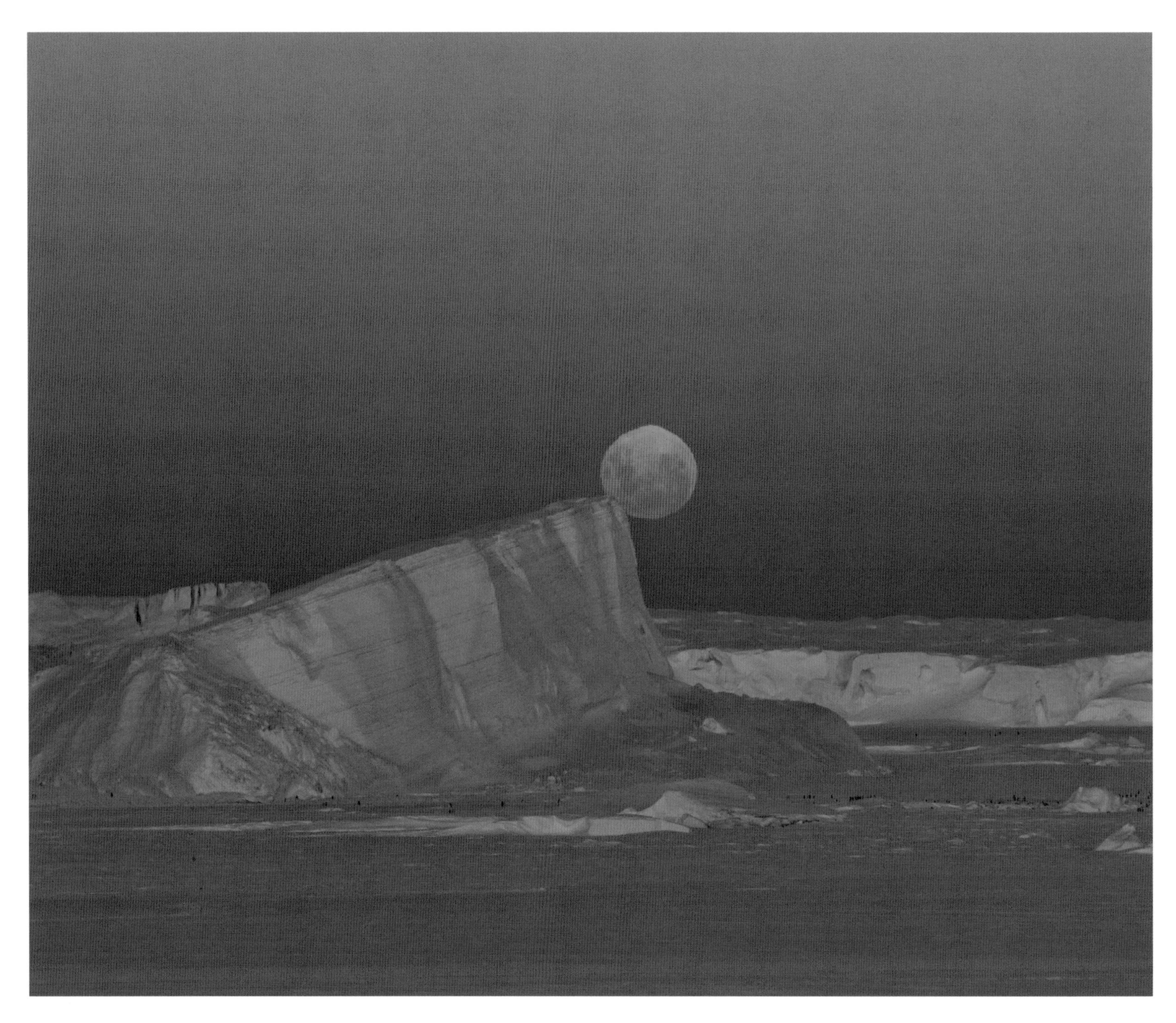

**上页图　月亮升起，戴维斯海**

一轮红月从戴维斯海的冰山上升起，这是这片冰雪覆盖的荒原上的另一道美丽风景。

**左图　融化的海冰，戴维斯海**

冬天的低温使大量海水冻结成冰，以至于南极大陆的面积几乎翻了一番。但是到了夏季，大部分海冰就会融化，顺着洋流漂走。

**帝企鹅群，戴维斯海**

一群帝企鹅带着它们的幼崽坐在海冰上。不会飞翔是这些鸟类的典型特征。在所有企鹅种类中，帝企鹅的体型最大，身高最多有 100 厘米，体重可以达到 45 千克。它们以鱼类、磷虾、鱿鱼为食。为了寻找食物，帝企鹅可以下潜到 550 米深的海域，这是一个夸张的深度。并且，它们在水下憋气的时间可长达 20 分钟。没有鸟类能在这两方面与帝企鹅相提并论。

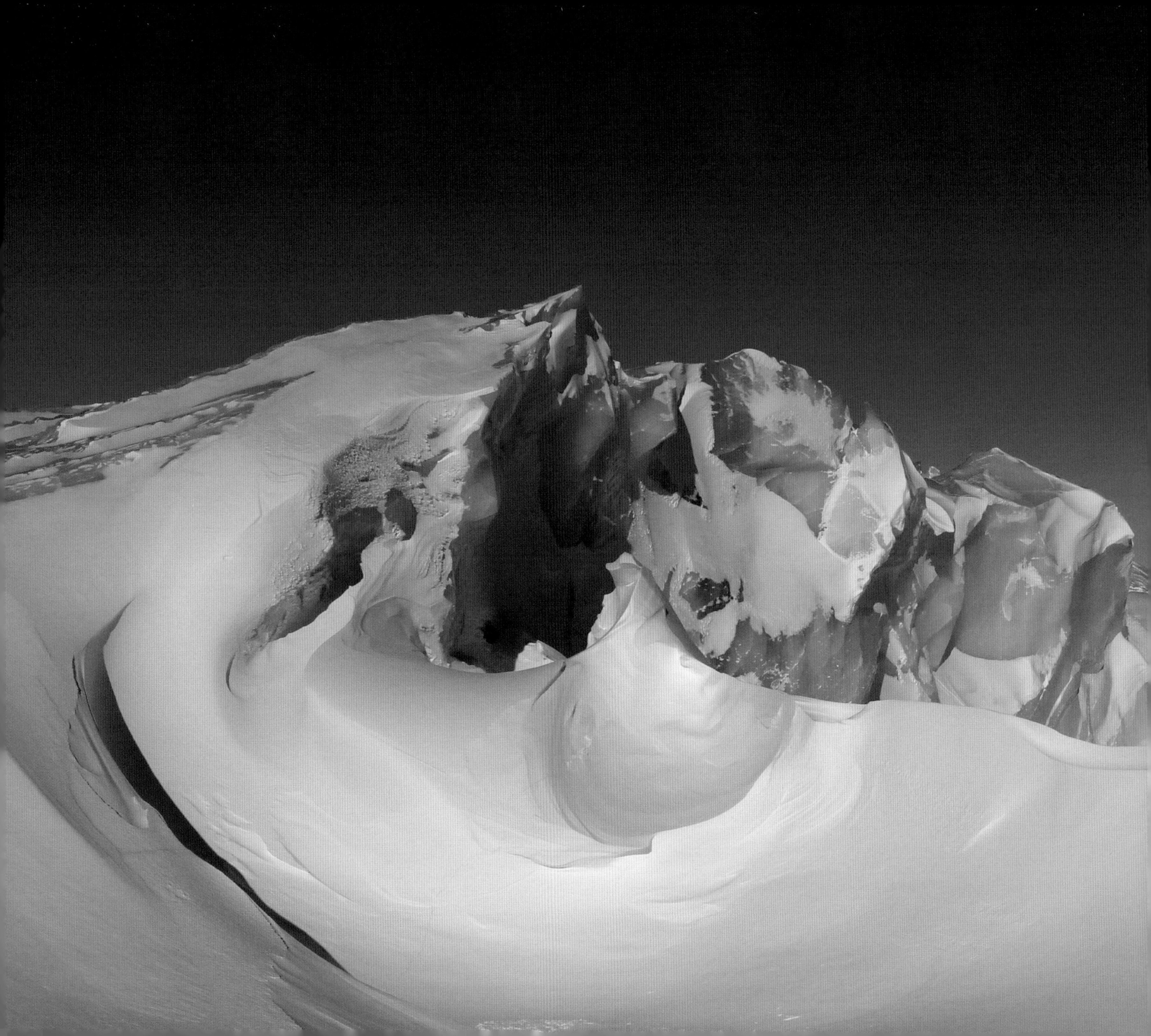

**冰山，戴维斯海**

在南极，冰山是冻结的淡水。冰架从冰川上断裂流向大海，形成冰山。它们受到风力和流水侵蚀，形成雕刻后的形状。冬天到来时，它们会被困在海冰中。

**上图　高斯山，威廉二世地**

高斯山是一座约 370 米高的死火山，为纪念数学家、物理学家卡尔·弗里德里希·高斯而命名。1901 年到 1903 年，地质学家埃里希·冯·德里加尔斯基勘探了这片地区，因为德国皇帝威廉二世为此次探险赞助了一百多万德国马克，所以德里加尔斯基给整片区域取名为威廉二世地。

**跨页图　戴维斯站，伊丽莎白公主地**

戴维斯站是澳大利亚的三个南极科考站之一，位于西福尔丘陵的无冰区，面向共和联邦海。人们称这些无冰区是“南极绿洲”。戴维斯站的研究领域包括：病毒和细菌、南极海洋生态系统、大气、东南极洲冰盖的结构。

**跨页图　进度站，普里兹湾**

图片中是俄罗斯的进度站，一架螺旋桨飞机降落在积雪覆盖的跑道上。进度站位于普里兹湾岸边的拉斯曼丘陵，此处是一片南极绿洲。在整个冬季，这个科考站都保持开放。

**上图　进度站遗址**

1988 年，苏联第 33 次南极探险队建立了进度站，后来这个科考站扩建为一个后勤基地。为了在极端气候中也同样发挥作用，所有车辆都必须配备履带和起重设备。

**跨页图　进度站的日出，普里兹湾**

与进度站不同，很多科考站都无法在冬季开放。进度站配有健身房和桑拿房，还有一个医疗护理机构，兼做地区医院之用。进度站里最多可以长期驻扎 80 人。

**左图　潮汐裂缝**

这是坚固冰上的一条又长又直的裂缝。坚固冰就是冻结在陆地上的海冰。潮水涨退，海平面随之上升、下降，这样会导致冰层开裂。图中的潮汐裂缝约有 8 千米长，但是只有约 50 厘米宽。野生动物可以在潮汐裂缝中觅食，雪鹱等鸟类在裂缝里捕食磷虾，食蟹海豹和韦德尔氏海豹通过裂隙来换气。

**上图　一间“苹果小屋”在雪地上拖行，莫森站，澳大利亚的南极洲领地**

自 20 世纪 80 年代中期以来，苹果小屋（又称为“球形卫星舱”）就一直是南极科考人员的轻型避难所。这些硬质帐篷用玻璃纤维制成，因为形状和颜色都很像苹果，所以有了苹果小屋的昵称。苹果小屋易于搭建，也方便运输，两个人只在两个小时之内就可以搭起这么一间屋子。屋子里可以睡 3 个人，但在紧急情况下，最多可以挤进 15 人。

**跨页图　一只韦德尔氏海豹躺在镜头前，背景里是“南极光”号破冰船，莫森站**

韦德尔氏海豹在南极很常见。19 世纪 20 年代，这种海豹被以英国船长詹姆斯 · 威德尔①的名字命名。在科考站周围经常可以看到韦德尔氏海豹。照片中，“南极光”号破冰船抵达澳大利亚的莫森站，一只爬上陆地的海豹正好出现在镜头前。自 1954 年起，莫森站就一直在运营。

① Weddell seal，通译为韦德尔氏海豹；James Weddell，通译为詹姆斯 · 威德尔。此处出于习惯保留通用译名。（译者注）

**查尔斯王子山，麦克·罗伯逊地**

这片山地包含了好几条山脉，包括阿托斯岭、波尔朵斯岭和阿拉米斯岭。该地区的最高峰是孟席斯山，海拔 3228 米。这张图片里，有一座冰川位于山间。

**从西冰架上断裂的冰山**

冰架是附着在广阔陆地上的一片巨大浮冰。西冰架是东南极洲极大的冰架之一，面积约为 16370 平方千米，冰架崩解就形成了冰山。

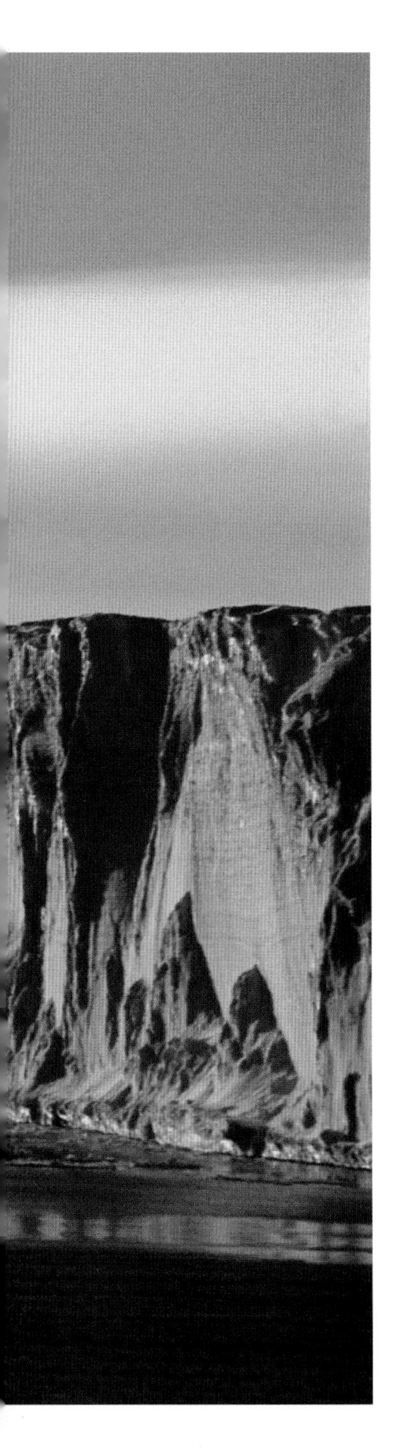

**跨页图　雾气笼罩的兰伯特冰川，埃默里冰架**

兰伯特冰川是世界上最大的冰川，移动速度也最快。它大约有 80 千米宽，400 千米长，2.5 千米厚。兰伯特冰川以高达每年约 800 米的速度从北方内陆滑向埃默里冰架。

**上图　跳跃的帝企鹅**

为了越过厚厚的冰层，帝企鹅和许多其他企鹅一样，可以从水中跃起几英尺高。为了完成跳跃，它们用游泳时收集的气泡包裹住身体。这就减少了水的摩擦力，所以当它们快速接近水面时，就可以更好地跃出海面。

**上图和跨页图　里瑟尔－拉森冰架，威德尔海**

里瑟尔－拉森冰架位于毛德皇后地的海岸，长约 400 千米。20 世纪 30 年代，亚尔马·里瑟尔－拉森船长探索了这片地区，为了纪念这位挪威船长，人们将该冰架命名为里瑟尔－拉森冰架。它是一处重要的鸟类栖息地，大约 4000 只帝企鹅在这里繁殖。

**冰山，拉扎列夫海**

图中的冰山顶部有很多凸起，它漂浮在拉扎列夫海上，邻近阿斯特里德公主海岸。桌状冰山的顶部和侧面都很平整，而非桌状冰山的形状千奇百怪，因为它们受到风力和流水的侵蚀。

**右图和下页图　奥拉夫王子海岸**

1930年1月，挪威船长亚尔马·里瑟尔－拉森勘探了奥拉夫王子海岸。它是毛德皇后地的一部分，名字取自当时的挪威王子奥拉夫，这位王子就是后来的挪威国王奥拉夫五世。夏季到来，海冰（与陆地连接的部分就是坚固冰）破裂，冰山（下页左图）开始移动。不过当坚固冰冻结后，冰山就困住了（下页右图）。

**芬布尔冰架，玛塔公主海岸**

芬布尔冰架长200千米，宽100千米。位于毛德皇后地海岸的尤图尔斯特劳门冰川不断注入芬布尔冰架。20世纪30年代末到50年代末，德国、挪威、英国、瑞典的探险家和制图师拍摄、测绘了这座冰架。它的名字取自“Fimbulisen”，意思是“巨大的冰坨”。

## 毛德皇后地海岸

1930 年，亚尔马 · 里瑟尔 - 拉森船长首次抵达这里后，挪威宣布毛德皇后地归自己所有。该地区的面积大概是 270 万平方千米，约占南极大陆的 20%。它的名字取自挪威出身的威尔士女王毛德（1869—1938 年）。

东南极冰盖覆盖了毛德皇后地的大部分区域，不过这片地区也有高山。毛德皇后地的最高点是约库尔基尔，海拔 3148 米，位于穆利格 - 霍夫曼山脉中。海岸由约 30 米高的冰墙组成，船舶只能在几处靠岸。

**跨页图　抱成一团的帝企鹅**

雄性帝企鹅抱团坐在一起，这样可以在 -40℃的严寒中保护自己和正在孵化的蛋。这种抱团行为被称作群体体温调节。通过这种方法，企鹅可以维持体温，每只企鹅都会在外围和温暖的中心之间不断轮换。帝企鹅是唯一在冬季繁殖的企鹅。

**上图　南极点，南极高原**

著名的南极点地处南极高原，它既是南半球的地理中心，也是南极大陆最冷的地方，海拔 2835 米。美国的阿蒙森 - 斯科特南极站就坐落在南极点旁边。一个金属桩标明了极点的准确位置，旁边立有一面美国国旗和一个标示牌，上面记录了罗阿尔德 · 阿蒙森和罗伯特 · 斯科特的语录。1911 年，他们二人各自带领一支团队，争做第一位到达南极点的人。

**哈雷六号研究站，凯尔德海岸**

在布鲁特冰架上的哈雷研究站上空，南极光打造了一场冬季演出。哈雷研究站成立于 1956 年，旨在研究地球的大气层。1985 年，正是得益于哈雷研究站的观测，人们发现了臭氧空洞。这座研究站位于威德尔海的一个浮动冰架上。一旦冰架的情况发生变化，哈雷研究站就需要换个地方，所以它的每个单元模块下都安装有巨大的液压雪橇。

**跨页图和上图　科茨地，南极高原**

科茨地以小詹姆斯·科茨和安德鲁·科茨少校的名字命名。1902 年至 1904 年，苏格兰国家南极探险队研究了该地区，而这两个人是此次探险活动的主要赞助人。

科茨地是南极高原的一部分，宽度约为 1000 千米。南极点就位于这片区域。南极高原的平均海拔为 3000 米，是地球上最冷的地方之一。在这里，最低温度的纪录是 -92℃。只有微生物才有可能在这样的环境中存活。1909 年，欧内斯特·沙克尔顿尝试跨越南极高原，但是中途不得不折返。不过他仍然是第一个跨越一部分南极高原的人。

布朗特冰架（上图）属于科茨地海岸。冰上的大裂缝在 2012 年前后开始扩大，这意味着很可能发生崩解，出现新的冰山。2021 年，一座名为 A-74 的冰山从冰架上断裂，这座冰山的面积为 1270 平方千米。

**左图和下页图　沙克尔顿山脉**

该山脉以英国探险家欧内斯特·沙克尔顿的名字命名，霍姆斯峰是山脉最高峰，海拔 1875 米。山脉从东到西长约 160 千米，位于斯莱瑟冰川和里卡弗里冰川之间。

**阿蒙森－斯科特南极站，巴克敏斯特·富勒穹顶**

美国阿蒙森－斯科特南极站坐落在南极点上，海拔约为 2835 米，是南极的第一座永久性建筑。1975 年，巴克敏斯特·富勒测地穹顶建成。这座穹顶宽 50 米，高 16 米，能够抵御南极高原冬季 −73℃的低温，是阿蒙森－斯科特站的标志。1998 年，穹顶开始出现裂痕，最终于 2009 年被拆除。

**冰立方中微子天文台，阿蒙森－斯科特南极站**

冰立方中微子天文台于2010年建成，由威斯康星大学麦迪逊分校负责运营。该天文台用于观测来自太阳的中微子。在冰下埋藏了数千个传感器，总面积约为1立方千米。这是世界上最大的中微子望远镜。

**海冰，威德尔海**

一年当中，南极洲的海冰不断出现又消失。夏季时，大约 85% 的海冰都融化了，等到冬季来临，海面又会重新结冰。由于无法积累，南极洲的海冰很少超过 1 米厚。不过即使在夏天，威德尔海也始终漂浮着一些海冰。

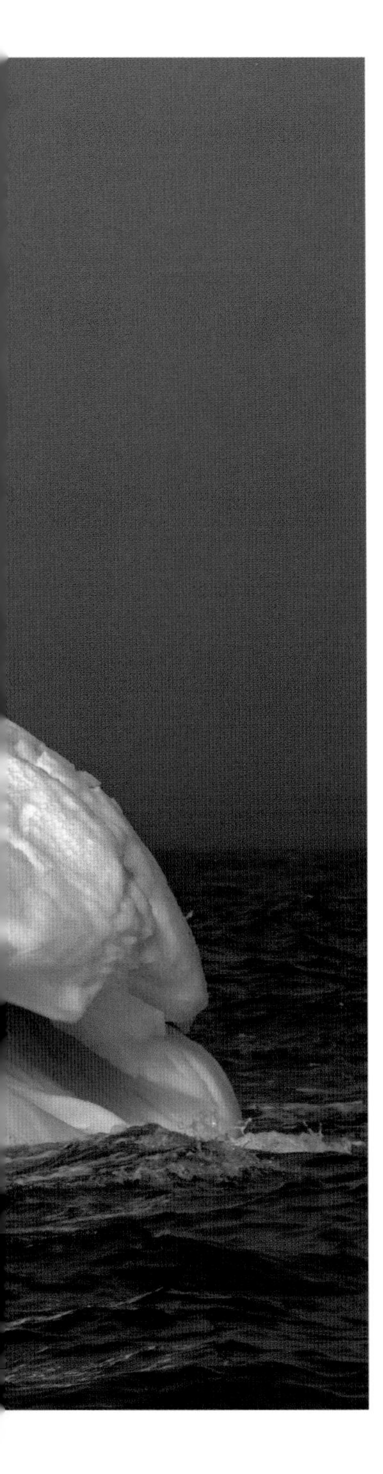

**跨页图　冰山，威德尔海**

夏季，南极的海冰会破裂、融化，困在其中的冰山就解放出来了。不过，夏季的威德尔海还会保留部分海冰。图片中，一群阿德利企鹅爬上了浮冰，浮冰连着一座带有穹顶的冰山，看起来企鹅就像冰冻蛋糕上的装饰品。

**上图　海冰，威德尔海**

冬季到来，南极周围的海水再次结冰，帝企鹅就在海冰上居住下来。冰山也会困在冰上。

**下页图　南极半岛的山脉**

夏季，海冰碎裂。图片里的威德尔海以南极半岛为背景，南极半岛的海岸线上矗立着曲折起伏的山脉。

**上图　断裂的海冰，威德尔海**

南极半岛以东是威德尔海，在夏季的几个月里，威德尔海上依然漂浮着大量海冰。这是因为冷风从南面吹来，大洋环流则使这些冰块不会漂向北面的南大西洋。

**跨页图　岩石地貌**

冰层融化，底部的岩石就会露出来。这提醒我们，南极是一块冰层覆盖的坚实陆地，与北极截然不同。北极是一片由陆地环绕的海洋，中间有大量海冰。

**跨页图　条纹冰山，斯科舍海**

斯科舍海夹在南冰洋和南大西洋之间，是一条冰山通道。几乎所有冰山都会经过这里。南极沿岸洋流呈逆时针流动，南极绕极流呈顺时针流动，两种相反的洋流将冰山卷入斯科舍海。冰山上的黑色条纹早在冰川崩解之前就形成了，冰川在驶向大海的途中，会携带泥土和沉积物。

**上图　岬海燕，斯科舍海**

岬海燕是一种十分常见的海鸟，据估计，它的种群数量有200万只。在繁殖季节，岬海燕来到南极和亚南极地区的岛屿。繁殖结束后，它们就会飞往北方的安哥拉和加拉帕戈斯群岛等地过冬。

**上图　蓝色冰山，斯科舍海**

在这张图片里可以隐隐看见冰山藏在海面之下的巨大部分。由于海水吸收了红色波长的光线，使水下的冰呈现出蓝色的色调。

**跨页图　冰山，斯科舍海**

海浪不断拍打着一座漂流在斯科舍海上的楔形冰山。南极沿岸洋流逆时针流动，南极绕极流顺时针流动，在两个洋流的共同作用下，大多数南极冰山都会经过斯科舍海。海水侵蚀冰山，形成了图片中的洞穴。最终，洞穴顶部可能会崩塌。

**上页图、左图和下图　嶙峋的冰山，斯科舍海**

顺时针和逆时针的南极洋流时常截获漂流的冰山，并将它们推向北方的海洋，因此斯科舍海有大量冰山经过。当海浪撞上冰山时，就会雕刻出各种形状。洞穴（上页图）最为常见，但是也有其他形状，比如这座尖顶冰山下方的拱门（下图）。这些看起来神秘兮兮的小洞窟（左图）是风力侵蚀形成的。

# 西南极洲

WEST ANTARCTICA

西南极洲又称小南极洲，约占南极大陆总面积的五分之一，位于西半球。东西南极洲的分界线是横贯山脉。横贯南极山脉从科茨地和威德尔海一直延伸到罗斯海和维多利亚地。

与东南极洲一样，西南极洲也是冰封千里，但它的气候不那么单一。南极半岛（北部是格雷厄姆地，南部是帕尔默地）深入南冰洋，由一系列多山的岛屿、海峡、海湾组成。至少南极半岛西部和北部的气候是相对温和的海洋气候。这种温和的气候为生命繁衍创造了更多的机会。苔藓、地衣和藻类的生长期都很短暂，它们可以在这里获得生机。当气候不那么恶劣时，海鸟和企鹅也能找到更多适合繁殖的地方，同时，水里还住着海豹、鲸鱼，还有磷虾。

南极半岛是天然港口。它靠近南美洲，有很多良好的避风港，吸引船只在这里靠岸。捕猎海豹和鲸鱼的水手，以及各种探险队都在西南极洲留下了大量足迹。

西南极洲是世界上气候变暖最快的地区之一。这给野生生物带来了一系列严重的影响。今天生机勃勃的生物，在冰层消退后，也会面临不确定的未来。威德尔海和罗斯海都有巨大的冰架，如果这些海域和南极其他地区的冰架纷纷融化，巨量融水会进入海洋，导致全球海平面上升。

与东南极洲一样，一些国家宣布拥有西南极洲的部分领土。阿根廷、英国、智利和新西兰都在这里插上了他们的旗帜。

**上页图　冰山，南极半岛**

南极半岛是南极大陆的最北端。与大陆其他地区相比，它的气候相对温和，受气候变暖的影响也最大，这反过来又会影响到海洋，以及鸟类和植物的生存状况。

**左图和跨页图　冰山，南极半岛**

冰山在南极半岛周围漂流，其中一些会沿途搭载乘客。这些乘客就是小冰山，大约高 1—5 米，长 5—15 米。与之相比，其他一些冰山是真正的巨无霸，面积堪比一个小国家。

**南极半岛**

南极半岛从南极大陆中伸出，半岛长约 1300 千米，面积约 522000 平方千米，内部多山。它由一连串岩石岛屿组成，冰层将这些岛屿连接起来。南极半岛 80% 的陆地都覆盖了冰层。

**跨页图　冰山，安沃尔湾**

一些尖顶冰山漂浮在南极半岛西海岸的安沃尔湾上。

**上图　游轮，尼科港**

一艘游轮在尼科港的冰山之间行驶。尼科港是安沃尔湾内的一座小海湾，也是一处颇受欢迎的旅游景点。照片的背景是一座冰川。

**尼科港的恶劣天气，南极半岛**

一场暴风雪席卷了港口周围的山脉。虽然近几十年来，南极的这部分地区气温较高，但是仍然非常寒冷。夏季温度几乎没有超过冰点，冬季温度则会降至 -20℃。

**上图和跨页图　南极半岛的丹科海岸**

美丽的丹科海岸拥有许多大小海湾。人们以埃米尔·丹科中尉的名字给这段海岸命名。埃米尔·丹科是比利时南极探险队的成员，1898 年他在这里去世。海岸背后是高耸的南极山脉，它构成了南极半岛的核心。实际上，南极半岛上的山脉是南美安第斯山脉的余脉。

**上页图　德雷克海峡，南设得兰群岛**

这条水道将南设得兰群岛与南大西洋、南太平洋连接起来，它们在南美洲顶端的合恩角附近汇合。南设得兰群岛位于南冰洋之中，南冰洋环绕着南极。德雷克海峡是世界上最危险的水域之一，得名于16世纪的英国航海家弗朗西斯·德雷克爵士。

**右图　南极半岛的山峰**

冰原岛峰，又叫nanatuk，这种山峰冲破了永久冰层，露出地面。Nanatuk一词源于因纽特语，因纽特人居住在北极的格陵兰。

**尼科港，安沃尔湾**

夏季，海冰融化，游轮可以进入港口。这处小海湾以苏格兰捕鲸船“尼科”号命名，海湾里生活着座头鲸、巴布亚企鹅和韦德尔氏海豹。这是世界上能够乘船抵达的最美丽的地方之一。

**跨页图　冰山，安沃尔湾**

在风平浪静的日子里，如果大部分海冰都融化了，那么安沃尔湾就会出现迷人的倒影。水面映着冰山、白雪覆盖的山脉以及向大海移动的冰川。

**上图　流冰，休斯湾，丹科海岸**

休斯湾以爱德华·休斯的名字命名。爱德华·休斯是一艘海豹捕猎船的船长。19世纪20年代中期，他在这片水域航行。1821年2月7日，一艘美国的海豹捕猎船“塞西莉亚”号停靠在南极大陆，船长是约翰·戴维斯。这是人类首次登陆南极，登陆地点就是休斯湾。这处海湾也因此闻名。

**巴布亚企鹅，库佛维尔岛**

库佛维尔岛是一个多岩石的岛屿，位于南极半岛西海岸的埃雷拉海峡。它是重要的鸟类保护区，因为大约 6500 对企鹅伴侣会在这里繁育后代。

**上页图　埃斯佩兰萨站，霍普湾，特里尼蒂半岛**

这是一个阿根廷的永久科考站，位于南极半岛格雷厄姆地的霍普湾。该站点全年开放，有大约 50 位居民，其中还包括儿童和学校教师。每年，埃斯佩兰萨站都会接待 1000 多名游客。

**右图　直升机，埃斯佩兰萨站，霍普湾，特里尼蒂半岛**

一架阿根廷的海王直升机悬挂集装箱到达科考站。这类直升机用于运输货物，并且时时为搜救行动做准备。

**右图　鱼群岛，普罗塞克角，格雷厄姆地**

20 世纪 30 年代，人们初次测绘了这片孤立的岛屿。米诺群岛是鱼群岛东部的一系列小岛屿。这两个群岛都很著名，因为有 4000 对阿德利企鹅在岛上繁殖。

**下页图　燃料桶，南极半岛**

生锈的旧燃料桶已经成为南极洲的一个大问题，因为它们会将有毒的化学物质泄漏到冰层和海洋中。在南极，估计有 30 万吨垃圾，其中一些已经遗存了一个多世纪。大部分垃圾都是南极科考站产生的。部分垃圾已经找不到了，也无法回收，因为它们被埋在冰层之下了。

**跨页图　圣马丁站，格雷厄姆地**

这座阿根廷科考站建于 1951 年，是南极圈内的第一个人类定居点。相较于南极内陆，这片沿海地区的气候更加温和。夏季，这里的温度会上升到零上几摄氏度，所以会有零星降雨。

**上图　“欧罗巴”号，奥恩港，格雷厄姆地**

2011 年 2 月，荷兰三桅船“欧罗巴”号停泊在奥恩港。与尼科港一样，奥恩港也是旅行的热门地点。这艘三桅帆船在全世界航行，它的船体是钢制的。

**冰山，彼得曼岛**

一些冰山可能会卡在海岸线上，彼得曼岛附近的冰山就是如此。这些冰山在海岸边停留多年，然后挣脱出来，再次漂流到海上。同南极半岛格雷厄姆地附近的许多岛屿、冰山一样，彼得曼岛也是一个重要的鸟类保护区。3000对巴布亚企鹅在岛上繁殖。岛屿上还有一座阿根廷的安全屋，就建在企鹅的栖息地中间。

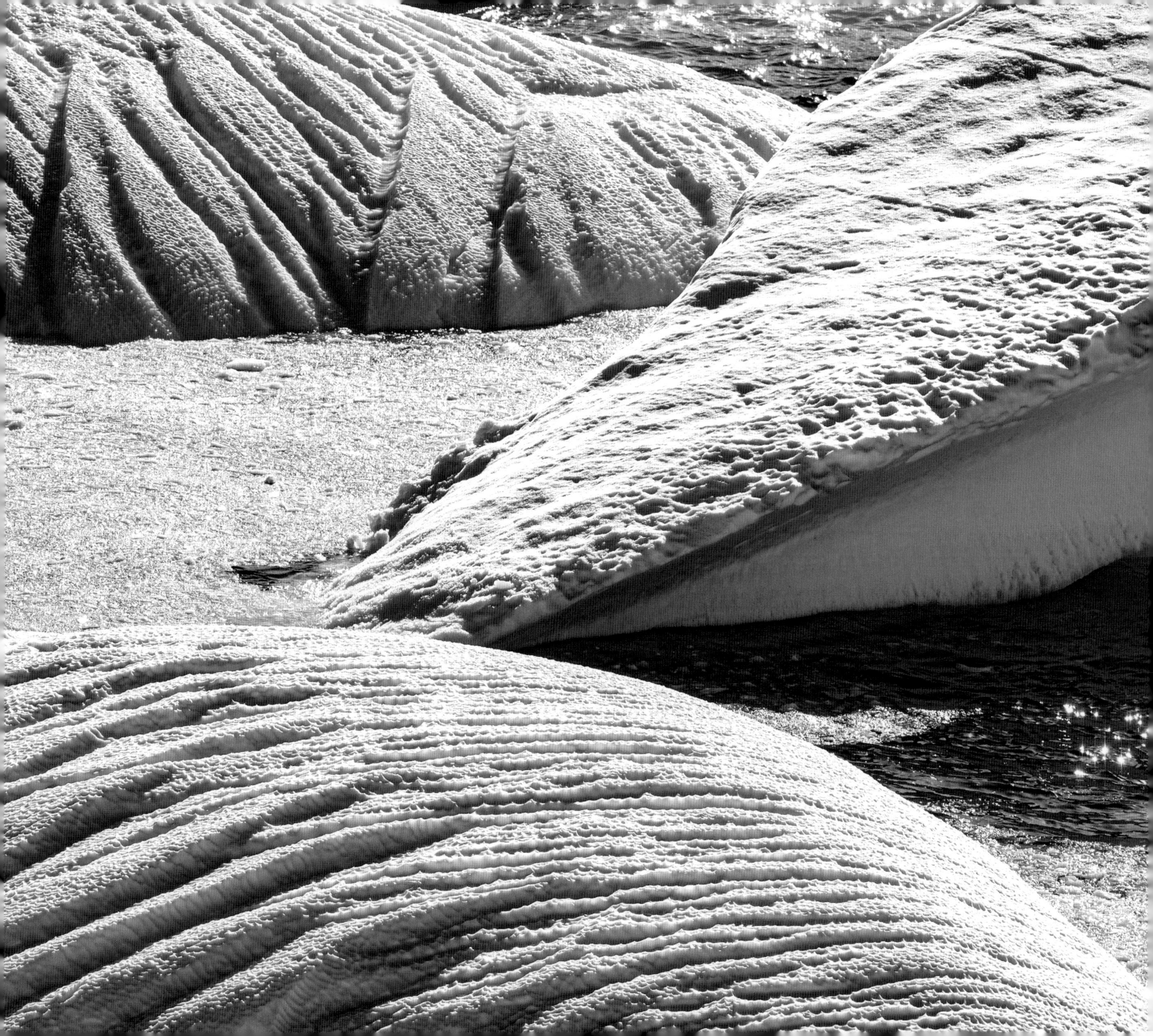

**跨页图和下页图　勒梅尔海峡，格雷厄姆地**

狭窄的勒梅尔海峡位于基辅半岛和布斯岛之间，是最受游客欢迎的南极洲景点之一。因为风景美丽，勒梅尔海峡又称为“柯达峡”，它只有 1.6 千米宽，两边都是陡峭的山脉，海峡中还有很多冰山。

**上图　俾斯麦海峡，勒梅尔海峡，格雷厄姆地**

俾斯麦海峡是勒梅尔海峡的入口，两侧的山脉险峻异常。

**跨页图　勒梅尔海峡，格雷厄姆地**

这条海峡长约 11 千米，但是海峡里的水流远离南冰洋的湍流。如果天气晴朗，空中无风，水上没有浮冰，那么海面的倒影会非常壮观。

**上页图　东部科考站，斯托宁顿岛，玛格丽特湾**

1939 年，富兰克林 · 罗斯福委托建造了东部科考站，这是美国在南极的第一个考察站。这处站点利用了之前军队驻扎的屋子。1941 年，由于海湾里的浮冰阻碍补给，以及第二次世界大战爆发，科研人员全部撤出了这座考察站。1947 年，东部科考站重新开放，但是第二年就彻底关闭了。不过如今还会有游客来这里参观。

**上图　英国南极观测站 E，斯托宁顿岛，玛格丽特湾**

英国观测站 E 站距离美国东部科考站仅仅 230 米。1946 年至 1950 年，观测 E 站都有工作人员长期驻守。20 世纪 50 年代末，也有人在该站点驻扎了一年。1960 年至 1975 年，观测 E 站仍然开放。其间，它将美国东部科考站的一些建筑用作自己的仓库。和东部科考站一样，观测 E 站现在是一个旅游景点。

**玛格丽特湾，南极半岛**

玛格丽特湾地处南极半岛西部，一侧是阿德莱德岛，另一侧是沃迪冰架、乔治六世海峡和亚历山大岛。法国的南极探险队在 1909 年发现了这处海湾，探险队队长让 · 巴蒂斯特 · 沙尔科以自己妻子的名字给海湾命名。

**玛格丽特湾，南极半岛**

一座巨大的尖顶冰山受到风化侵蚀，漂浮在玛格丽特湾上，背景是南极半岛的山脉。

**跨页图和下页图　玛丽·伯德地，西南极洲**

20 世纪初，美国海军军官理查德·伯德就探索了这片地区，并以自己的妻子之名给该地区命名。尽管探索的时间非常早，但是目前仍然没有任何国家正式宣布对玛丽·伯德地的所有权。玛丽·伯德地位于罗斯冰架以东，面积为 160 万平方千米。西南极冰盖覆盖了这片广阔的区域。墨菲峰（下页上图）海拔 2705 米，是西南极洲的最高峰之一。

**跨页图　A-68 冰山，南极半岛**

图片中是 A-68 冰山的西侧边缘，这是一座巨大的桌状冰山。2017 年 7 月，南极半岛的拉森 C 冰架崩解，形成 A-68 冰山。这是有史以来最大的冰山之一，面积约为 5800 平方千米，大约是卢森堡的两倍。2021 年 4 月，这座巨大的冰山遭遇解体，最大的碎片有 5.5 千米长。

**上图　海冰，南极半岛**

夏季，破碎的海冰漂浮在一组岛屿周围。2017 年，美国国家航空和航天局开展了“冰桥行动”，这张照片就是“冰桥行动”的研究飞机拍摄的。

**跨页图　游轮，南极半岛天堂湾**

一艘游轮熄灭了引擎，以便游客能够在安静的环境里欣赏这处深水湾。20 世纪 20 年代初，捕鲸人起了天堂湾这个名字。

**上图　布朗站，天堂湾，南极半岛**

这座阿根廷科考站建于 1951 年，只在夏季开放，坐落在海湾一块突起的岩石上。阿根廷在南极一共设立了 13 座考察站，布朗站就是其中之一。附近的山脉为布朗站遮挡了强风。大约有 18 人住在考察站内，游客也会乘船参观这里。

**上图　山脉，天堂湾，南极半岛**

天堂湾是一处很受欢迎的港口，在这里可以经常看到各种动物。海里有座头鲸和海豹，岸上有巴布亚企鹅、海燕和燕鸥。

**跨页图　奥尔蒂斯士兵避难所，天堂港，南极半岛**

从 1956 年起，这处避难所就由阿根廷海军管理。马里奥 · 伊诺森西奥 · 奥尔蒂斯是一名海军士兵，他在服役时牺牲，奥尔蒂斯士兵避难所就是以他的名字命名。该避难所距离布朗站仅 230 米，既是一处气象观测站，也是一个探险基地。

**冰山，天堂港，南极半岛**

一座冰山矗立在天堂港，受到风力侵蚀，冰山上形成了美丽的锯齿状冰峰。如果冰川也出现了这种形态，人们就称其为塞拉奇冰川。

**苏亚雷斯冰川，斯康托尔普湾，格雷厄姆地**

这座冰川最早叫作佩茨瓦尔冰川。20 世纪 50 年代初，一支智利的南极探险队重新测绘了这座冰川，并给它取了新名字。苏亚雷斯冰川从海拔 861 米处一路延伸，直到天堂港的斯康托尔普湾。

**上图　冰山，普雷纽湾，威廉群岛**

普雷纽湾是南极半岛游轮航程中的另一个热门景点，在这里可以看到巴布亚企鹅和风蚀冰山。这处海湾得名于保罗·普雷纽，他是一名摄影师，1903 年到 1905 年参加了法国的南极探险队。这支探险队的队长是法国著名探险家让·巴蒂斯特·沙尔科。

**跨页图　巴布亚企鹅，A-57A 冰山，拉森冰架，南极半岛**

拉森冰架位于威德尔海的西北部，由一系列相连的冰架组成，面积曾达到 85000 平方千米。由于全球变暖，不断有巨大的冰山崩解，致使拉森冰架的面积减少到 67000 平方千米。A-57A 冰山就是从拉森冰架上断裂下来的。

**右图　拉森冰架，威德尔海，南极半岛**

这个巨大的冰架坐落在威德尔海中，位于南极半岛东北海岸之外。冰架分为四个主要部分，分别以A、B、C和D代称。在过去30年里，由于气候变化，前三个部分已经开始解体。

**下页图　拉森A冰架，威德尔海，南极半岛**

在拉森冰架的四个主要部分中，拉森A冰架是最小的。1995年1月，拉森A解体。2002年初，拉森B的大部分解体。拉森C是最大的一部分。2017年7月，拉森C发生了冰山崩解，形成巨大的A-68号冰山。A-68冰山的面积约为5800平方千米，厚度超过200米。拉森D仍然稳定。

**拉森冰架，威德尔海，南极半岛**

巨大的拉森冰架是南极洲几个冰架之一，然而这个冰架正在快速瓦解。自 20 世纪 50 年代初起，接下来的 50 年间，南极半岛的温度上升了将近 3℃。南极半岛气候变暖的速度比南极大陆的其他地区更快，也超过了全球的一般趋势。如果拉森冰架全部融化，全球海平面将上升约 10 厘米。

**纽迈尔海峡，帕尔默群岛，南极半岛**

1897 年至 1899 年，比利时探险家阿德里安·德·格拉什前往南极探险。在探险中，他以乔治·冯·纽迈尔的名字给这处海峡命名。纽迈尔海峡长约 25.8 千米，它和勒梅尔海峡一样，以迷人的山脉、冰山和冰层景观而闻名。在纽迈尔海峡还可以看到鲸鱼。

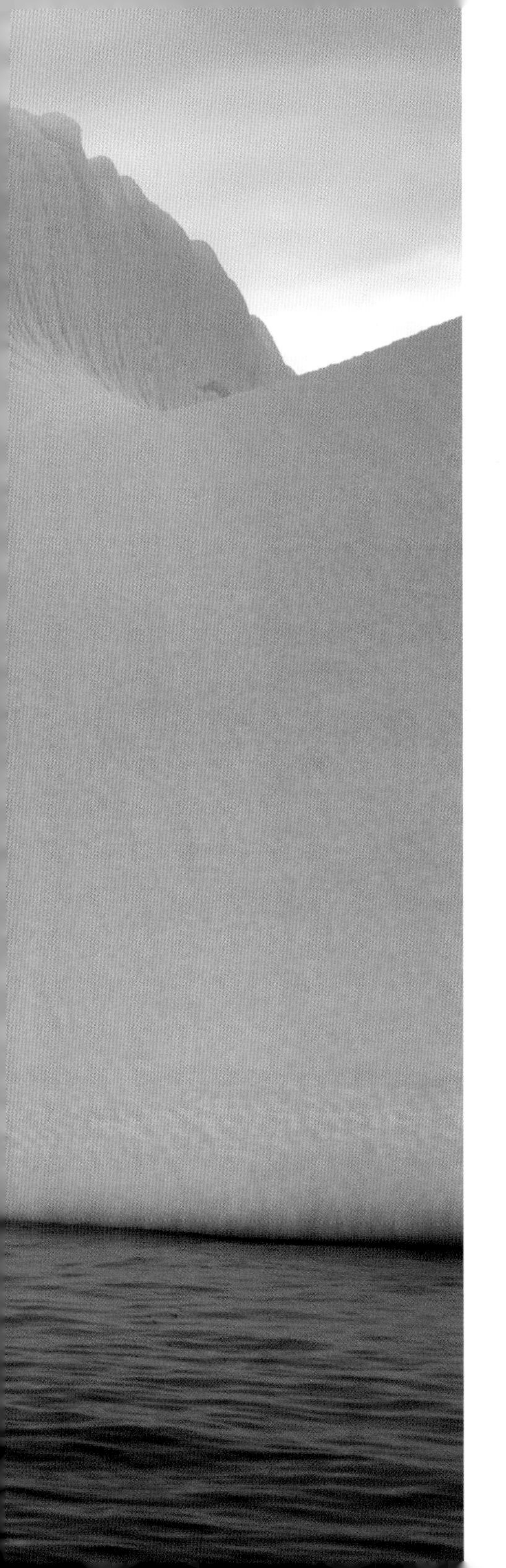

**跨页图、左图和下页跨图**
**杰拉许海峡的冰山**

杰拉许海峡的冰山形态美丽动人。这条海峡分开了帕尔默群岛与南极半岛。

**上图　海德鲁加岩，帕尔默群岛，南极半岛**

日落时分，帕尔默群岛的冰山和海德鲁加岩石构成了一幅壮丽图景。该群岛取名于美国船长纳撒尼尔·帕尔默，他在 1820 年考察了这片水域。

**下页图　鲸鱼骨架，洛克罗伊港，帕尔默群岛**

洛克罗伊港是维恩克岛上的一个海湾，同时也是一处天然港口。20 世纪初，洛克罗伊港是捕鲸船的一个安全锚地。1944 年，英国占据了这处港口，为它命名，此地便成为英国在南极的第一个长期基地。现在洛克罗伊港是一个旅游景点，它有一座博物馆、一家邮局和一间商店，这三处建筑都在运营。

**上页图　七姐妹山，朱阁拉角，洛克罗伊港，帕尔默群岛**

七姐妹山是威恩克岛的一排岩石山峰，位于洛克罗伊港，山上覆盖着积雪。以萨沃亚峰为起点，七姐妹山沿着锯齿状的山脊向下绵延。萨沃亚峰是威恩克岛的最高点，海拔为1415米。

**右图　冰山，布兰斯菲尔德海峡，帕尔默群岛**

一座巨大的桌状冰山经过布兰斯菲尔德海峡。这座海峡将南设得兰群岛与南极半岛分隔开来。

**跨页图和左图　A 站，洛克罗伊港**

洛克罗伊港 A 站周围有一个巴布亚企鹅群落。1944 年 2 月，英国人在与港口同名的海湾内建起这座科考站。实际上，A 站位于古迪尔岛上，这是洛克罗伊湾里的一座小岛。这处站点里有世界上最靠南的邮局。设立 A 站原本是一项战时的任务，这个任务的代号是“塔巴林”行动。英国计划在南极洲建造一个永久性建筑。后来，该站点成为科研站。现在，它是一个历史遗迹，经常有旅游团前来参观。

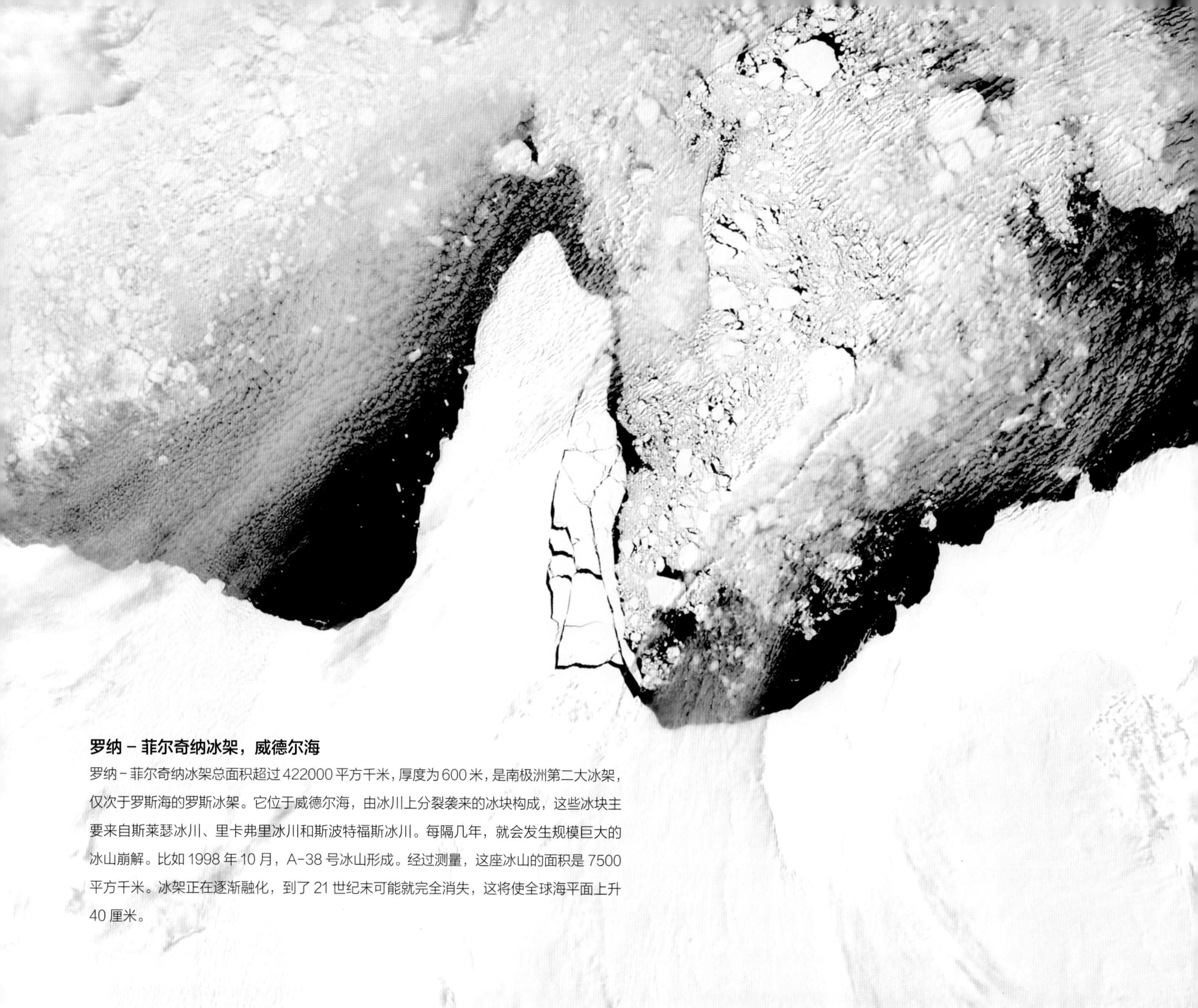

**罗纳－菲尔奇纳冰架，威德尔海**

罗纳－菲尔奇纳冰架总面积超过 422000 平方千米，厚度为 600 米，是南极洲第二大冰架，仅次于罗斯海的罗斯冰架。它位于威德尔海，由冰川上分裂袭来的冰块构成，这些冰块主要来自斯莱瑟冰川、里卡弗里冰川和斯波特福斯冰川。每隔几年，就会发生规模巨大的冰山崩解。比如 1998 年 10 月，A-38 号冰山形成。经过测量，这座冰山的面积是 7500 平方千米。冰架正在逐渐融化，到了 21 世纪末可能就完全消失，这将使全球海平面上升 40 厘米。

**贝林斯豪森海，南极半岛**

贝林斯豪森海位于南极半岛以西，面积为487000平方千米。夏季，海冰融化，游船便可以航行其中。

**跨页图　贝林斯豪森站，麦克斯韦湾**

这个俄罗斯科考站位于南设得兰群岛的乔治王岛，建于 1968 年。它全年开放，所在地的气候相对温和，冬季平均温度为 -6.5℃。

**上图　麦克斯韦湾的三一教堂**

这座松木结构的东正教教堂建成于 2004 年，是南极的八座教堂之一。三一教堂会接纳不同宗教的信徒，最多能容纳 30 人。全年都有人在教堂值守。

**上图　埃尔斯沃思山脉，埃尔斯沃思地**

埃尔斯沃思山脉位于罗纳－菲尔奇纳冰架的西部边缘，由南面的赫里蒂奇岭和北面的森蒂纳尔岭组成。它是南极洲最高的山脉，有 350 千米长。这条山脉有众多山峰，其中文森山海拔高度 4892 米，是南极洲的最高点。

**跨页图　俄罗斯运输机，联合冰川营地的蓝冰跑道**

一架巨大的伊尔 -76 运输机停在联合冰川营地的冰雪跑道上，营地靠近埃尔斯沃思山脉的赫里蒂奇岭。运输机的工作是为联合冰川营地提供补给，该营地在特定季节开放，接待前往南极内陆的旅行团，有些旅行团的目的地是南极点。这片冰川也是每年南极冰雪马拉松的举办地点。

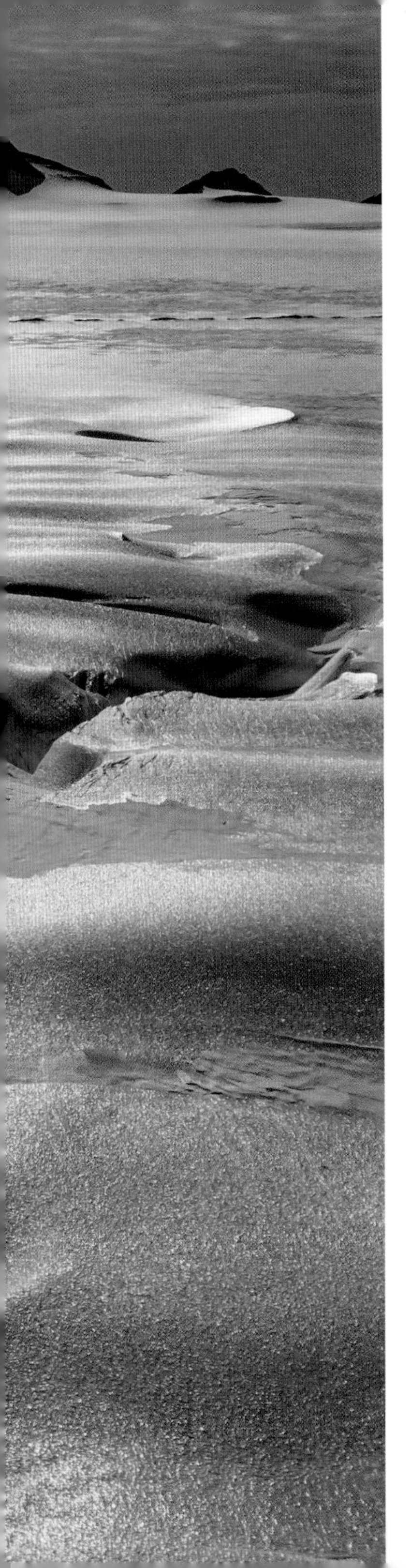

**跨页图　联合冰川，埃尔斯沃思山脉**

这架冰川经过埃尔斯沃思山脉的赫里蒂奇岭中部，侵蚀了山体。图中，冰川表面的纹路如同波浪一般，上面没有积雪，但是有很多裂隙。联合冰川的其他区域很平坦，蓝冰跑道和联合冰川营地就位于平坦地区，那是前往南极内陆旅游的大本营。

**上图　贝伦特山脉，埃尔斯沃思地**

埃尔斯沃思地的贝伦特山脉是一座长达 32 千米的马蹄形山脉，位于南极半岛与大陆连接的区域。艾布拉姆斯山（如图）和布赖斯山都位于贝伦特山脉之中。

**格茨冰架，玛丽·伯德地**

格茨冰架位于南极洲玛丽·伯德地的西海岸线上，面积为 32810 平方千米。这个冰架在逐渐变薄，产生的融水比世界上任何其他冰层都多。

**左图　派恩岛海湾，阿蒙森海**

派恩岛冰川产生的冰流不断汇入这处海湾。派恩岛冰川是南极所有冰川中融化速度最快的，其冰量流失约占南极总冰量流失的四分之一。从 20 世纪 40 年代起，派恩岛冰川就开始融化，但是最近 20 年，融化速度明显加快了。

**下页图　埃里伯斯火山，罗斯岛，罗斯海**

埃里伯斯火山位于罗斯岛上。罗斯岛由 4 座火山组成，其中 3 座火山都是死火山。埃里伯斯火山是南极最活跃的火山，经常喷发蒸汽和其他气体。它的海拔高度是3794米。1908年，欧内斯特·沙克尔顿的尼姆罗德考察队成员登上了这座火山。火山口内是一汪岩浆湖。1839 年至 1843 年，詹姆斯 · 克拉克 · 罗斯爵士率领罗斯考察队探索南极，他以船队中的皇家海军舰艇“埃里伯斯”号来给这座火山命名。

**罗斯冰架，罗斯海**

罗斯冰架是南极洲最大的冰架，位于罗斯海中。罗斯海是世界上最南端的海洋。罗斯冰架的面积接近473000平方千米，相当于西班牙的国土面积。它的厚度有几百米，绝大部分都位于水下。海平面以上的部分大约有15—50米高。罗斯冰架如果融化，它储存的水可以让海平面上升15米。

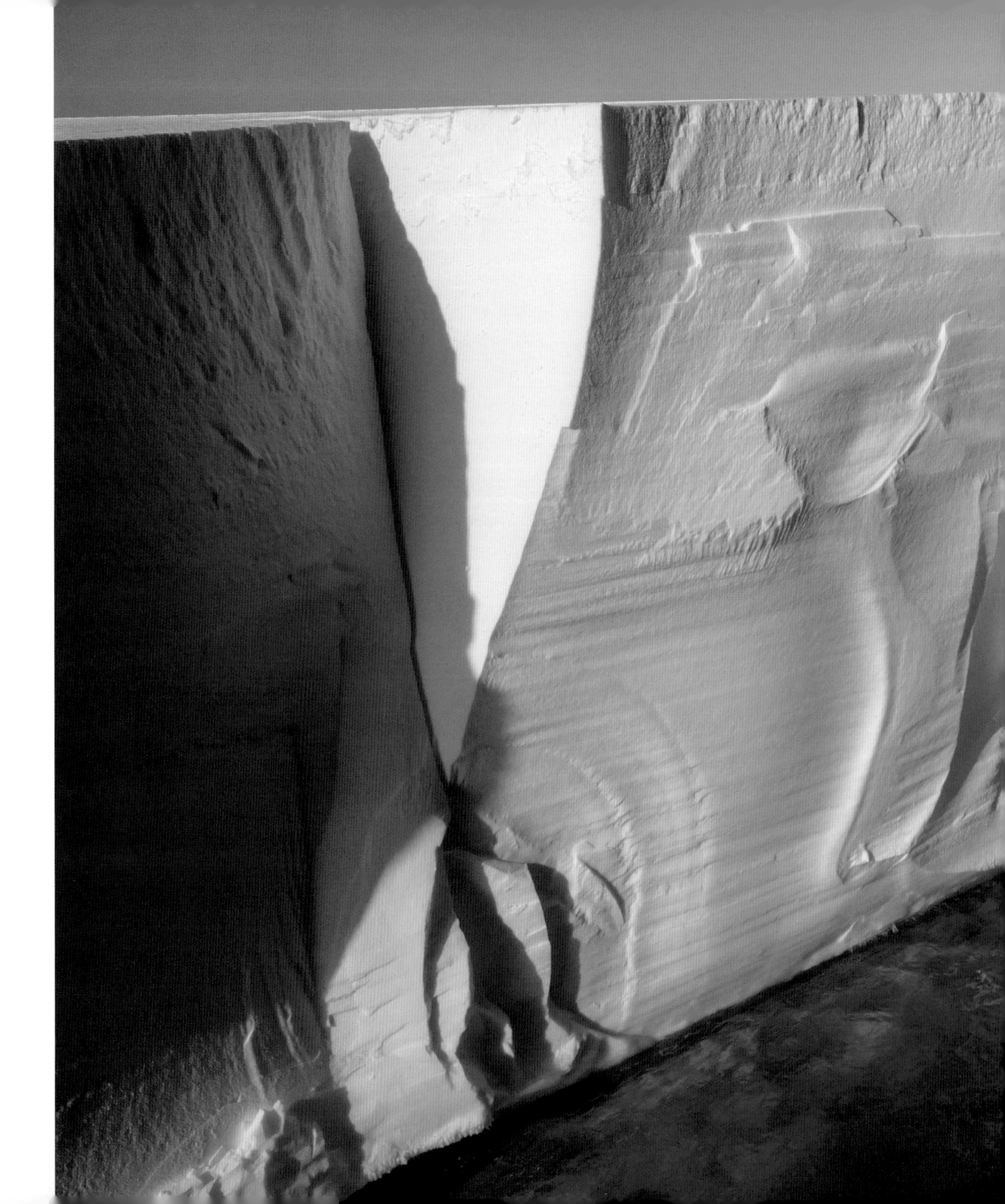

АКАДЕМИК ШОКАЛЬСКИЙ

**上页图　破冰船，罗斯海**

海冰会阻挡船只的去路，有些船可能会受困数周之久。强大的破冰船配有强化过的船体，船头也做成可以破冰的形状。不过破冰船仍然会陷入困境。图片中是困在罗斯海的“绍卡利斯基院士”号。2013 年，这艘船在海冰中被困了两周时间，所有船员和乘客都不得不从船上撤离。

**跨页图　罗斯冰架，罗斯海**

1841 年 1 月，英国海军军官及探险家詹姆斯·克拉克·罗斯爵士发现了罗斯冰架，这座冰架也因此得名。在人们用罗斯的名字称呼这座冰架之前，由于冰架又高又大，罗斯给它起了两个绰号，“大屏障”和“巨冰屏障”。

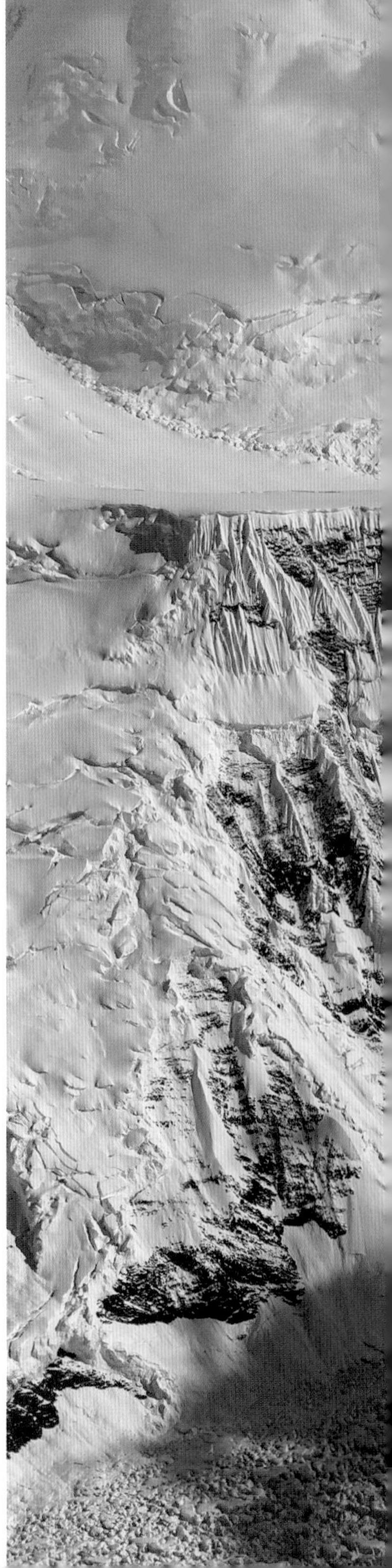

**上图　罗斯海的冰**

罗斯海的面积约为 637000 平方千米，是一片广阔的水体。它被人们称为“最后的海洋”，同时也是世界最靠南的海洋。一年四季，罗斯海都有冰雪覆盖，但是它也充满了生命力。企鹅、鲸鱼、海豹、磷虾、海鸟和浮游生物生活在罗斯海及其周边的水域里。

**跨页图　横贯南极山脉**

横贯南极山脉全长约 3500 千米，是世界上极长的山脉之一。它们从科茨地一路蜿蜒至维多利亚地的阿代尔角。最高峰是柯克帕特里克山，海拔 4528 米。山脉的中心区域极其寒冷，只有细菌、地衣和藻类可以生存。

# 岛屿

ISLANDS

**上页图　老捕鲸站，迪塞普逊岛**

迪塞普逊岛是南设得兰群岛中的一座岛屿，它靠近南极半岛，有一个天然的中央港口。19 世纪初，由于猎捕海豹的短暂热潮，迪塞普逊岛出现在航海地图上。大约一个世纪后，这座岛屿又成了一个捕鲸站。现在，它是一处十分有人气的旅游景点，每年有超过 15000 名游客到访。

南极洲的岛屿往往和南极大陆的各个地区一样著名，其中好几座岛屿都有值得一讲的故事。许多岛屿分布在南极半岛的北部和西部，有些是孤立的岛屿，有些是更靠近外海的群岛，比如南奥克尼群岛和南设得兰群岛。很多岛屿都有壮丽的景色。那些最靠近南极大陆的岛屿，或有浮冰将它们与陆地相连，或有海峡将它们与陆地隔开，比如南极海峡、杰拉许海峡和勒梅尔海峡。在特定季节，勒梅尔海峡很适合乘坐游船前来游览。

由于地理位置特殊，南极半岛周围的许多岛屿最早被探险队发现。在探险队中，有些以赚钱为目的，比如前来猎捕海豹和鲸鱼；有些则是为了科学研究、探索未知。南极探险的英雄时代从 19 世纪末开始，于 1917 年结束。在此期间，来自 10 个国家的 17 支主要探险队开展了探险活动。许多岛屿的名字都取自那些海豹捕猎人、探险家以及赞助探险活动的国王、王后和各类机构。

并不是所有的岛屿都是冰雪覆盖的巨型岩石。迪塞普逊岛仍然是一座火山。其他很多亚南极岛屿是企鹅和海鸟的重要繁殖地点，因为那里的气候更加温和，马尔维纳斯群岛和南乔治亚群岛都是如此。

而且，并非所有岛屿都位于南极半岛周围，或在南冰洋中。罗斯岛位于罗斯海，这座岛屿同罗伯特·福尔肯·斯科特永远联系在一起。1911 年，斯科特前往南极点，但是他的任务注定是一场悲剧。

**上页图　冰崖，阿德莱德岛**

阿德莱德岛的绝大部分由冰雪覆盖。岛上的博迪斯山海拔超过1220米。1832年，英国探险家约翰·布里斯科发现了这座岛屿，他以王后阿德莱德的名字来给这座岛命名。阿德莱德是英国国王威廉四世的妻子。

**左图　南极毛皮海狮，阿德莱德岛**

人们认为，在所有海狮中，南极毛皮海狮是数量最多的一个物种，大约有600万只。大多数毛皮海狮在南乔治亚群岛等亚南极岛屿上生活。

**右图　乔治六世冰架，亚历山大岛**

亚历山大岛是南极洲最大的岛屿。乔治六世海峡将亚历山大岛与南极半岛的帕尔默地分隔开来。乔治六世冰架完全填满了这条海峡。

**跨页图　亚历山大岛的污染**

在亚历山大岛的化石崖群，随处可见废弃的航空燃料桶。南极洲的其他地区也面临着同样的污染问题。

**跨页图　布斯岛，格雷厄姆地**

这是一个多山的“Y”字形岛屿，又叫万德尔岛。岛屿长 8 千米，位于格雷厄姆地的西北海岸。万德尔峰是岛上的最高点，高度为 980 米。

**上图　夏尔科港的夕阳，布斯岛，格雷厄姆地**

夏尔科港位于布斯岛，是一个宽 2.4 千米的海湾。它以法国探险家兼医生让·巴蒂斯特·夏尔科的名字命名。1904 年，夏尔科在这里建立了法国第三次南极探险队的冬季基地。

**杰拉许海峡，南极半岛**

杰拉许海峡位于帕尔默群岛和南极半岛之间。1898 年，阿德里安 · 德 · 杰拉许带领比利时探险队发现了这条海峡，该海峡也因此得名。

**跨页图　迪塞普申岛火山**

迪塞普申岛又叫欺骗岛，原因在于，它看上去与普通岛屿无异，但其内部是一个 10 千米宽的破火山口。这是一座活火山，目前火山口里灌满海水。一条名叫海神风箱的狭窄缺口将火山口形成的港湾与外海连接起来，船只可以通行。这也是世界上唯一一个船只能够驶入的火山口。迪塞普申岛火山最近一次喷发是在 1969 年，人们曾在南极点的冰层中发现了这座火山的火山灰。

**上图　捕鲸船，迪塞普申岛**

20 世纪初，每逢夏季，就会有数百名捕鲸人搬到这座岛屿居住。岛上有邮局和无线电站。后来捕鲸加工工作都在船上进行，岛屿设施也就废弃了。

**沃纳德斯站的日落，加林德斯岛**

尽管加林德斯岛距离南极半岛不远，但是受到太平洋影响，这里的气候是亚南极海洋性气候。冬季，岛屿上的最低温度是 -20℃ 。

**上页图　座头鲸，格林尼治岛**

格林尼治岛位于南设得兰群岛，长 24 千米。这座岛屿位于南极半岛以西，每年夏天，都有成千上万头座头鲸来这里觅食南极磷虾。

**左图　扬基港，格林尼治岛**

19 世纪以来，美国和英国所有的海豹捕猎人都知道扬基港。现在，这处港口是巴布亚企鹅重要的繁殖地。南象海豹、韦德尔氏海豹、南极毛皮海狮也都是这里的常客。

## 半月岛上的帽带企鹅

半月岛是一系列火山基岩连成的连岛坝。夏季的南极游轮会在这里停靠，游客能看到帽带企鹅和南极贼鸥。大约有 100 对南极贼鸥在半月岛上繁衍后代。

**上页图　詹姆斯 · 罗斯岛**

这座大岛以詹姆斯 · 克拉克 · 罗斯爵士的名字命名。1842 年，罗斯领导英国探险队探索了这片区域。人们一共在南极发现了三处恐龙化石遗迹，其中两处都位于罗斯岛。

**左图　孟德尔极地考察站，詹姆斯 · 罗斯岛**

这座岛上有一个捷克科考站。曾经，一座冰架连接了罗斯岛与南极半岛的东海岸。1995 年，冰架坍塌，罗斯岛与陆地之间的古斯塔夫王子海峡第一次迎来了船只。

**上页图　利文斯顿岛**

1819 年，利文斯顿岛成为在南纬60° 以南发现的第一块土地。人们不再寻找未知的南方大陆，而是开始了解真正的南极。

**右图　企鹅，利文斯顿岛**

利文斯顿岛上有很多生物，包括帽带企鹅、巴布亚企鹅、阿德利企鹅和马可罗尼企鹅，还有海狮和好几种海豹，韦德尔氏海豹、南象海豹和豹海豹。夏天，贼鸥、巨鹱、南极燕鸥等海鸟也会在这里筑巢。

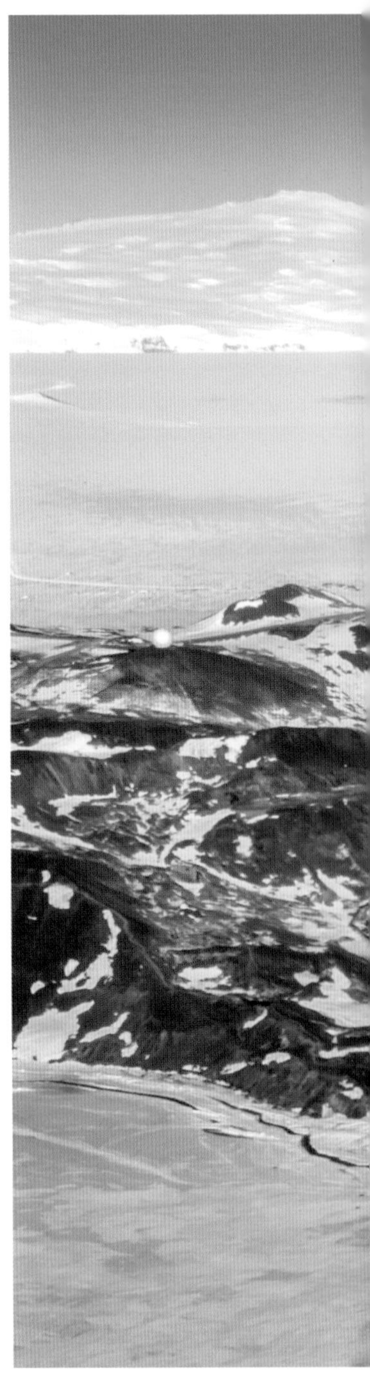

**上图　石屋，保利特岛，南极半岛**

1903 年，瑞典南极探险队的“南极”号船撞上冰层，在这个火山岛的海岸边沉没。幸存者建造了一座石屋暂避风雪，他们还在岛屿的最高点垒起大石堆，以便救援人员定位。现在，这些都成为历史遗址。

**跨页图　麦克默多站，罗斯岛，罗斯海**

麦克默多站是美国的南极科考站，位于罗斯岛边缘，麦克默多湾的岸边。这个站点全年开放，是常驻人员最多的南极科考站，有超过 1200 名居民。

FASTEN
YOUR
SEAT BELTS

**上页图　麦克默多站的主路，罗斯岛**

这是美国三个全年开放的科考站之一，也是南极洲最大的考察站，有一座小镇那么大。它是前往南极点的门户。为了给麦克默多站供电，美国海军建造了一座小型核电站。但是1972年，核电站在建成十年后被停用。

**左图　莲叶冰**

海浪作用于半融化的冰皮就形成了这种特别的形状，如同睡莲的叶子。莲叶冰的直径从30厘米到3米不等，厚度可达10厘米，具体情况取决于海况。

**上页图和左图　斯科特小屋，罗斯岛**

1911 年，罗伯特 · 福尔肯 · 斯科特（“南极洲的斯科特”）带领英国的特拉 · 诺瓦南极探险队在埃文斯角建造了这座小屋（上页图）。小屋长 15 米，宽 7.6 米，有双层隔热墙，供暖全靠厨房和一个烧煤的炉子（左上）。乙炔用来照明。小屋有独立的休息区域和工作区域，还有一个杂物间（左下）。

曾有 25 个人住过这栋小屋。斯科特和他的同伴也是从这里出发，开始了前往南极点的悲剧之旅。1912 年 1 月，斯科特的探险队到达南极点。1915 年至 1917 年，欧内斯特 · 沙克尔顿的罗斯海探险队成员重新启用这座小屋。1956 年，美国探险家从冰雪中挖出了保存完好的斯科特小屋。

**上页图　沙克尔顿的小屋，罗伊兹岬，罗斯岛**

这座小屋与英国探险家欧内斯特 · 沙克尔顿有关。1907 年至 1909 年，沙克尔顿的尼姆罗德考察队住在这里。其间，沙克尔顿尝试前往南极点，他想成为第一个抵达南极点的人，最后以失败告终。在那 14 个月里，沙克尔顿的小屋一共住了 14 个人。今天，这座小屋仍然保存完好。

**右图　诺登舍尔德的小屋，雪丘岛，南极半岛**

瑞典南极探险队在这座岛上建立了一个基地。这支探险队由奥托 · 诺登舍尔德带领，乘坐“南极”号抵达南极。他的探险队在岛屿上度过了 1901 年到 1903 年的每个冬天，他们勘探了这片地区，并于 1902 年建造了一座木制小屋。1903 年，“南极”号撞上冰块后沉没。

# 野生动物

WILDLIFE

生命会把握住任何生机。尽管南极洲的生物多样性匮乏，只有少数动物可以适应极寒环境，不过南极的生命依然欣欣向荣。然而，南极内陆是地球上气温最低的地方，冰层覆盖地表，极少有生物能这里生存。在冰封的荒原上，温度可以下降到大约 -90℃。在这里，只有细菌可以存活，因为南极内陆不仅温度低，还非常干燥。南极其实是一片沙漠。

但是沿海地区的情况就大不相同了。这里的气温不那么极端，动物可以进入大海。在南极周围的海面和浮冰上，可以看到十几种海鸟和五种企鹅（这些鸟类的总数量大约达到 2000 万只）。包括南极半岛西侧在内的西南极洲受到太平洋的影响，形成了较为温和的海洋性气候。在短暂的生长季节里，青苔、地衣和藻类都会生长。亚南极岛屿的气候同样不那么恶劣，这里是许多鸟类繁殖的地点。很多其他品种的企鹅也在这些岛屿上繁衍生息。

在水中，故事又发生了变化。水里生活着六种海豹，经常可以看到它们爬上岩石和冰面。此外，六种四处迁徙的鲸鱼也会到访南极。同样生活在南极海域的还有虎鲸、乌贼以及无数的磷虾和深海鱼类。但是，南极洲没有陆栖动物，也没有原住民。所有生活在南极的人类都居住在科考站，而且大部分人也只是夏天才待在南极。

**上页图　阿德利企鹅，南极半岛的波利特岛**

阿德利企鹅跳入冰冷的海水中。这些企鹅生活在南极周边，每年会迁徙大约 13000 千米。它们在夏季的繁殖地点与冬季的狩猎地点之间不断往返。

**右图　阿德利企鹅的托儿所**

这些企鹅同时需要有冰和无冰的环境。它们生活在海冰上，但是需要没有冰层覆盖的陆地来繁殖后代。由于气候变化，南极洲的海冰不断减少，阿德利企鹅的种群数量在20世纪的最后25年下降了约65%。

**下页图　阿德利企鹅群，威德尔海**

阿德利企鹅繁衍后代时会结成巨型群落，一些群落有多达25万对企鹅。阿德利企鹅必须外出捕猎觅食，这样才能喂养成长中的幼崽。它们主要以磷虾和鱼类为食。

**左图　冰山上的阿德利企鹅，格雷厄姆海峡**

阿德利企鹅体型很小，体重最多只有6千克，但是它们很好斗。阿德利企鹅水性很好，下潜到150米深只需要6分钟左右。

**上页图　蓝眼鸬鹚**

蓝眼鸬鹚的种类多达14种。它们以鱼类和其他海洋生物为食，可以下潜大约25米，能在水下停留4分钟。蓝眼鸬鹚经常成群结队觅食，人们将这些结伴捕猎的鸟类称为“海上的筏子”。

**上页图　黑眉信天翁，南乔治亚岛**

在信天翁家族中，雄伟的黑眉信天翁是最常见的一种，分布也最广泛。它又称作莫利鹰，寿命可达 70 年。黑眉信天翁的翼展可以达到 250 厘米。该岛生活着大约 60 万对可以繁育的信天翁，它们以鱼类和鱿鱼为食，也会从拖网渔船上抢吃的。

**右图　筑巢的漂泊信天翁，南乔治亚岛**

漂泊信天翁的翼展是鸟类之最，大约有 310 厘米长。它们每年都能在南冰洋上空飞行 12 万千米。这些海鸟一生只有一位伴侣，一对漂泊信天翁每两年会在亚南极群岛上繁育一次后代。漂泊信天翁是易危物种，目前只有 25000 只成鸟。

**上页图　帽带企鹅，南桑威奇群岛**

这种企鹅生活在南太平洋和南极的岛屿上，因其头部下方有一条狭窄的黑带而得名。它最多可以长到 76 厘米高，体重 5 千克。

**左图　帽带企鹅，南极半岛**

帽带企鹅的食物包括鱼、磷虾、虾和鱿鱼。它们会游到很远的地方寻找食物，甚至大约能游出 80 千米。然而，随着气候变化影响环境，帽带企鹅尽管目前还没受到威胁，但是将来可能会面临生存的压力。

**上图和跨页图　食蟹海豹，南极半岛**

这种海豹虽然叫食蟹海豹，但是它并不吃螃蟹，而是以磷虾为食。这种海豹非常喜欢社交，它会几百只一起结队游泳。曾有人看到 1000 余只食蟹海豹在冰面上结伴滑行。它们身长超过 2 米，体重最高能达到 200 千克。豹海豹会捕食食蟹海豹的幼崽，80% 的幼崽都会死亡。尽管死亡率很高，但食蟹海豹的种群数量仍然稳定在 700 万只。

**帝企鹅群的栖息地，雪丘岛，南极半岛**

帝企鹅因为它们艰辛的跋涉之旅而闻名。为了前往繁殖地，它们会在冰面上行走 120 千米。一片繁殖地可以容纳几千只企鹅。雌企鹅会产下一颗蛋，接下来两个多月都由雄企鹅来孵蛋。孵蛋期间，雄企鹅不会觅食，还要经受冬季严寒的考验，因此它们的体重会减少四分之一，大约有 12 千克。这段时间里，雌企鹅会前往大海觅食，然后把食物带给雄企鹅和小企鹅。

**跨页图　南象海豹，南乔治亚岛，南极洲**

南象海豹体型巨大，成年雄性还长着大鼻子，因此取名象海豹。雄性海豹的体重可达 4000 千克，体长接近 6 米。雌性海豹的体重只有雄性的四分之一。虽然在 19 世纪，人们大量捕杀南象海豹，致使这种动物几近灭绝。但是现在，南象海豹的数量大约为 75 万只。

**上图　白鞘嘴鸥，南乔治亚岛，南极洲**

白鞘嘴鸥是南极本土唯一的陆栖鸟。通常可以在地表看到这些鸟类。它们是食腐动物，同时也会偷窃食物，人称“南极洲的清道夫”。凡是看着能食用的东西，白鞘嘴鸥都会吃下去，比如企鹅蛋、企鹅的雏鸟、死海豹以及动物粪便。

**左图和下页图　巴布亚企鹅**

巴布亚企鹅身长约 90 厘米。它们用石头筑巢，具体做法就是把石子码放成一个圆形的石堆。雌企鹅一次能产下两枚蛋，孵化需要五周时间（左图）。巴布亚企鹅成年后会在海岸附近的无冰区组成群落（下页图），一个群落大约有几百只企鹅。

**座头鲸，南极半岛**

座头鲸是迁徙动物，每年都要游很长距离，最多可达25000千米。座头鲸属于须鲸科（滤食性），以小鱼和大量磷虾为食，每年都往返于北极和南极。它们只在夏季的时候才会前往极地。

**上图和跨页图　虎鲸，威德尔海，南极半岛**

虎鲸又叫“杀人鲸”（这是一个错误的说法，因为虎鲸是海豚科的一员），是高度社会化的动物。它们结成团队捕猎，猎物包括鱼类、海豹、海龟、海鸟和海豚。虎鲸有一种捕猎技术，名叫“浮窥”（跨页图）：几只虎鲸制造波浪，将休息的海豹冲入水中，其他虎鲸则蓄势待发。成年雄性虎鲸体长 8 米，体重超过 6 吨，雌性虎鲸的体型大约是雄性的三分之二。

**上页图和右图　冰山上的王企鹅**

王企鹅是帝企鹅的近亲，它们长得很像（王企鹅的脸颊上有一道橙色斑块）。王企鹅是体型第二大的企鹅，第一是帝企鹅。王企鹅身高能达到 100 厘米，体重为 12 千克。它们生活在比较温和的亚南极岛屿上，以鱼、乌贼、磷虾为食。为了获取食物，它们能下潜100米，有时甚至更深。据估计，王企鹅的数量超过 200 万只。

**左图　豹海豹**

大多数豹海豹终年生活在浮冰上，它们是独居动物，猎捕其他海豹的幼崽和企鹅。豹海豹体长 3.5 米，体重约 600 千克。

**下页图　磷虾**

磷虾是小型甲壳类动物，体长 2 厘米。它们几乎处在食物链底部。很多体型更大的动物都以磷虾为主要食物。在地球上的所有动物中，南极磷虾的物种生物量最大。海洋中一共有 3.79 亿吨磷虾。

**浮冰上的豹海豹和食蟹海豹**

许多海豹、海狮、海象都会躺在冰上，人们也因此抓拍了很多照片。这些动物在交配、生育、休息时就会离开海水。另外，它们也会因为躲避捕食者或者参加社交活动来到冰面上。

**上图　南极贼鸥**

这是一种兼有掠食和食腐习性的鸟类。它们啃食尸体，也会猎杀企鹅幼崽。南极贼鸥喙尖爪利，十分凶猛。它们也是技艺高超的飞行者，翼展可达 121 厘米。

**跨页图　马可罗尼企鹅群，南乔治亚岛，南极洲**

马可罗尼企鹅个头很小，只有 70 厘米高。但是在所有企鹅当中，马可罗尼企鹅群落的规模名列前茅。有时一个群落包含 10 万只企鹅。而且马可罗尼企鹅的种群数量为 1800 万只，也是所有企鹅物种之最。

**上页图和右图　韦德尔氏海豹**

这种大型海豹常常来到冰面上，在南极各处都能看见它们的身影。19 世纪初，英国有一位名叫詹姆斯・威德尔的海豹捕猎船船长，韦德尔氏海豹和威德尔海都是以他的名字命名。韦德尔氏海豹体长 3.5 米，体重 600 千克。为了躲避冬季严酷的风暴，它们会结成一小群藏进冰窟，同时把头伸出冰面（上页图）。

出 品 人：许　永
出版统筹：林园林
责任编辑：吴福顺
封面设计：海　云
内文制作：宋　杰
印制总监：蒋　波
发行总监：田峰峥

发　　行：北京创美汇品图书有限公司
发行热线：010-59799930
投稿信箱：cmsdbj@163.com

创美工厂
官方微博

创美工厂
微信公众号

小美读书会
公众号

小美读书会
读者群